Sven-David Müller

Ballaststoffe in der Ernährungsmedizin und Diätetik

GRIN Verlag

Bibliografische Information der Deutschen Nationalbibliothek:

Die Deutsche Bibliothek verzeichnet diese Publikation in der Deutschen National-
bibliografie; detaillierte bibliografische Daten sind im Internet über http://dnb.d-
nb.de/ abrufbar.

Impressum:

Copyright © 2011 GRIN Verlag GmbH
Druck und Bindung: Books on Demand GmbH, Norderstedt Germany
ISBN: 978-3-656-28910-4

GRIN - Your knowledge has value

Der GRIN Verlag publiziert seit 1998 wissenschaftliche Arbeiten von Studenten, Hochschullehrern und anderen Akademikern als eBook und gedrucktes Buch. Die Verlagswebsite www.grin.com ist die ideale Plattform zur Veröffentlichung von Hausarbeiten, Abschlussarbeiten, wissenschaftlichen Aufsätzen, Dissertationen und Fachbüchern.

Besuchen Sie uns im Internet:

http://www.grin.com/

http://www.facebook.com/grincom

http://www.twitter.com/grin_com

Mehr Ballaststoffe für mehr Gesundheit

Von Sven-David Müller, MSc.

Die Bezeichnung Ballaststoffe ist für die allgemeine Einschätzung des Gesundheitswertes eher nachteilig. Das Wort Ballast legt nahe, dass Ballaststoffe den Organismus belasten. Aber das Gegenteil ist der Fall. Ballaststoffe haben vielfältige gesundheitsförderliche Wirkungen. Dabei haben sie Wirkungen im Gastrointestinaltrakt und im Metabolismus. Sie wirken also direkt im Magen-Darm-Trakt und/oder haben Einfluss auf das Stoffwechselgeschehen. Professor Dr. Walter Feldheim von der Universität Kiel ging soweit, viele Krankheiten als Ballaststoff-Mangelkrankheiten zu bezeichnen. Dazu gehören aber nicht nur Verstopfung (Obstipation), sondern auch Diabetes mellitus Typ 2, Übergewicht und Adipositas sowie leicht und mittelgradig veränderte Blutfettwerte (insbesondere die Hypercholesterinämie). Die Kosten ernährungsbedingter oder ernährungsmitbedingter Erkrankungen ließen sich durch verstärkten Konsum von ballaststoffreichen Lebensmitteln oder einer gezielten Anreicherung sicher senken. Inzwischen hat die auch die EFSA einer Vielzahl von Health Claims zugestimmt.

Ballaststoffe sind Bestandteile der Lebensmittel, die von der menschlichen Verdauung nicht abgebaut werden können, aber dennoch für eine gesunde Ernährung sehr wichtig sind. Sie sind pflanzliche Bestandteile der Nahrung und spielen eine sehr wichtige Rolle in der menschlichen Ernährung. Ballaststoffe binden große Mengen an Wasser und sind daher für den Darm ein Vergnügen, da dadurch Verstopfung vorgebeugt wird. Außerdem senken Ballaststoffe auch das Darmkrebsrisiko, da krebserregende Substanzen verdünnt und Schadstoffe schneller wieder ausgeschieden werden. Die Ballaststoffe lassen sich in wasserlösliche und wasserunlösliche Ballaststoffe unterteilen. Wasserlösliche Ballaststoffe werden von den Darmbakterien weitgehend vollständig zu kurzkettigen Fettsäuen abgebaut, während die Unlöslichen sehr viel Wasser an sich binden können, wodurch das Stuhlvolumen erhöht und die Darmtätigkeit angeregt wird. So kann die leidliche Verstopfung vorgebeugt und wirkungsvoll behandelt werden. Eine ballaststoffreiche Ernährung würde vielen Menschen eine Gewichtszunahme ersparen, denn Ballaststoffe lassen den Blutzuckerspiegel nur langsam ansteigen und halten ihn lange konstant. Das macht satt, da so die Hungersignale länger ausbleiben. Die meisten Menschen in Deutschland essen zu wenig Ballaststoffe. Heutzutage nimmt der Deutsche ungefähr 20-25 Gramm von dem Wundermittel zu sich, während der Anteil vor 150 Jahren doppelt so hoch war. Einen hohen Ballaststoffanteil haben pflanzliche Lebensmittel wie Vollkornerzeugnisse, Obst, sowie Gemüse. Die empfohlene Menge der täglich aufgenommenen Ballaststoffe liegt bei 30-40 Gramm für Erwachsene. Dabei sollte nicht vergessen werden: Nur durch eine angemessene (1,5-2,0 Liter) Flüssigkeitsaufnahme können die Ballaststoffe ihre quellenden Eigenschaften vorführen. So irreführend der Begriff Ballaststoff auch ist, so wundersam ist seine Wirkung auf die kleinen Ursachen. Ballaststoffe sind in der Regel pflanzliche Nahrungsfasern. In geringem Umfang nimmt der Mensch auch tierische Ballaststoffe auf.

Nahrungsfasern

Einige Kohlenhydratträger enthalten reichlich Nahrungsfasern (= **Ballaststoffe**). Diese beschleunigen die Darmpassage. Außerdem wird das Bakterienwachstum im Dickdarm wird unterstützt und damit das Stuhlvolumen erhöht. Nahrungsfasern haben einen Einfluss auf die Darmflora und eine sinnvolle Gabe von Probiotika schließt die Verabreichung von Präbiotika – also Nahrungsfasern – ein. Die Kombination aus Probiotika und Präbiotika wird als Symbiotika bezeichnet.

Die Bakterien sind in der Lage, Vitamin B_{12} (Cobalamin) aus Sauerkraut oder anderen

Gärungsprodukten[1] sowie Vitamin K und in geringen Mengen Biotin, Vitamin B_1 (Thiamin), Vitamin B_2 (Riboflavin) und Vitamin B_6 (Pyridoxin) zu produzieren.[2] Außerdem stellt sich ein lang anhaltendes Sättigungsgefühl ein. Nahrungsfasern beugen verschiedenen Erkrankungen. Nahrungsfasern sind also mit „**Ballaststoffen**" gleichzusetzen. Dieser Begriff ist aber irreführend und lässt viele Menschen im Glauben, dass diese Stoffe nur „Ballast" für unseren Körper sind. Denn wie in diesem Kapitel ersichtlich wird, sind Nahrungsfasern vom menschlichen Organismus unverdaulich, erfüllen aber eine Vielzahl von lebenswichtigen Funktionen.

Einteilung der Nahrungsfasern
Alle Nahrungsfasern, bis auf Lignin (=Polyphenylpropan), sind Kohlenhydrate oder Kohlenhydratderivate.[3] Zu den Nahrungsfasern gehören **Lignin, Nicht-Stärke-Polysacharide und resistente Stärke**. Es gibt wasserlösliche und wasserunlösliche Nahrungsfasern:

wasserlösliche Nahrungsfasern		wasserunlösliche Nahrungsfasern
Pektin	Tragant(h)	Cellulose
resistente Stärke	Lichenin	Hemicellulose
Alginsäure	Xanthan	Lignin
Carrageen	Inulin	
Agar	Oligofruktose	
Gummi arabicum	Raffinose	
Guarkernmehl	Verbaskose	
Johannisbrotkernmehl	Stachyose	

Tabelle: Wasserlösliche und wasserunlösliche Nahrungsfasern

Aufgrund ihrer Struktur besitzen Nahrungsfasern, außer Lignin, das Vermögen, Wasser zu binden. Deswegen nennt man sie auch **Quellstoffe**. Manche Nahrungsfasern können so viel Wasser aufnehmen, dass sie das 100fache ihres Eigengewichts erreichen.[4] **Wasserlösliche Nahrungsfasern** bilden Gele und binden reichlich Wasser. Beim mikrobiellen Abbau wird die Gelstruktur zerstört, womit die Wasserbindungskapazität verloren geht. Die löslichen Nahrungsfasern werden fermentativ abgebaut. Die **unlöslichen Nahrungsfasern** werden weniger stark von den Darmbakterien abgebaut und bleiben weitgehend erhalten. Dadurch ergibt sich ein großes Stuhlvolumen und lockere Stuhlkonsistenz. Der wasserbindende Effekt entsteht vor allem durch Aufquellen der Randschichten der Nahrungsfasern.[5] Wasserlösliche Ballaststoffe haben in der Regel insbesondere metabolische Effekte (beispielsweise Senkung des Cholesterinspiegels durch Unterbrechung des enterohepatischen Kreislaufs der Gallensäuren oder Retardierung der Blutglucosesteigerung nach der Aufnahme von blutzuckersteigernden Kohlenhydraten). Die metabolischen Effekte sind insbesondere Plantago ovata Samenschalen, Guarkernmehl oder Pektin. Demgebenüber haben wasserunlösliche Ballaststoffe in der Regel in erster Linie gastrointestinale Effekte wie die Erhöhung des Stuhlvolumens. Sie beugen damit Verstopfung vor und beschleunigen die Darmpassage.

Funktionen der Nahrungsfasern
Die Nahrungsfasern haben viele wichtige Funktionen im menschlichen Organismus. Bisher werden

---

[1] http://www.medizinfo.de/ernaehrung/vollwert/naehrstoffe.htm
[2] http://nutrition.a-w.de/dge/ger/LEXIKON/LD001100.htm
[3] Schlieper, 2000, S. 44
[4] Schlieper, 2000, S. 44
[5]
http://www.google.de/search?q=cache:YQCPw2hRh7IJ:www.kellogg.de/ernaehrungsforum/fachkraefte/PDF/1060_Ballaststoffe.pdf+algins%C3%A4ure+l%C3%B6slicher+ballaststoff&hl=de&ie=UTF-8

sie aber nicht als essentiell bezeichnet. Es ist jedoch aus wissenschaftlicher Sicht davon auszugehen, dass die Aufnahme von Nahrungsfasern für den Menschen essentiell ist. In der Therapie und Prophylaxe von Krankheiten haben Nahrungsfasern – auch nach Ansicht der Experten der EFSA – einen festen Platz. Es gibt verschiedene Health Claims für Ballaststoffe.

- Nahrungsfaserreiche Kost muss länger und intensiver gekaut werden. Dadurch bleibt mehr Zeit, das **Sättigungsgefühl** wahrzunehmen. Außerdem wird die **Speichelproduktion** angeregt. Speichel neutralisiert Säuren im Mund. Dadurch sinkt der pH-Wert nicht so stark ab und **vermeidet Karies.**[6] Außerdem enthält Speichel Mineralstoffe wie beispielsweise Kalzium, das sich wieder in den Zahnschmelz einlagert.[7]
- Nahrungsfasern verbleiben länger im Magen, quellen, **vergrößern ihr Volumen** und vermindern den Druck auf die Wände des Verdauungstraktes. In Folge dessen erhöht sich das **Sättigungsgefühl**, es werden vermehrt **Verdauungssäfte** produziert, die **Darmbewegung** wird angeregt und die **Transitzeit im Darm** verkürzt sich. Nahrungsfasern aus Getreide steigern das Volumen des Speisebreis am meisten. Durch die Wasseraufnahme stellt sich eine **weiche Stuhlkonsistenz** ein.
- Nahrungsfasern kann der menschliche Organismus enzymatisch nicht abbauen. Deshalb gelangen sie bis in den Dickdarm. Dort werden sie unter Gärung von den Bakterien der Darmflora (Laktobazillen, Bifidobakterien, E.coli, Enterokokken, Eubakterien, physiologische Bacteroides und andere)[8] als Substrat verwendet. Die Bakterien können so besser wachsen und gedeihen, was wichtig ist, denn sie erhöhen das **Stuhlvolumen** (ein Drittel bis die Hälfte des Stuhls besteht aus lebenden oder toten Bakterien). Des weiteren unterstützt eine **gesunde Darmflora** das Immunsystem und kann Allergien und Neurodermitis vorbeugen. Gefährliche Keime, wie Clostridien, können sich nicht ansiedeln.[9] Gleichzeitig entstehen bei der Gärung der Nahrungsfasern unter anderem die **kurzkettigen Fettsäuren** Acetat, Propionat und Butyrat. Diese werden teilweise resorbiert, zur Leber befördert und hemmen dort die Bildung von Cholesterin, tragen also zur **Senkung des Cholesterinspiegel** bei. Außerdem liefern die kurzkettigen Fettsäuren den Zellwänden Energie und verbessern die Aufnahme von Mineralstoffen.[10] Darüber hinaus erniedrigen sie den pH-Wert, was sich positiv auf die Darmflora auswirkt: Fäulnisbildende Bakterien haben schlechtere Wachstumsbedingungen, während sich die gärungsaktiven Bakterien besser vermehren können.[11] Daneben werden in geringem Umfang auch **Essig-, Propion- und Buttersäure** gebildet und von der Dickdarmschleimhaut resorbiert. Die Darmflora synthetisiert auch die **Vitamine** K, B_2, B_6, Biotin, Folsäure und Pantothensäure. Bei der Fermentation der Nahrungsfasern fallen auch die **Gase** Kohlendioxid, Wasserstoff und Methan an. [12]
- Die Resorption der Kohlenhydrate wird durch den ungleichartigen Speisebrei verlangsamt, so dass der **postprandiale Blutzuckerspiegel** nicht so stark ansteigt. Dadurch wird weniger auch Insulin benötigt. Bestimmte Ballaststoffe verdicken die so genannten Anstirred Water Layer.
- Nahrungsfasern, besonders die löslichen, sind in der Lage, bestimmte Stoffe an sich zu binden und auszuscheiden. Bei **Gallensäuren** ist dieser Vorgang erwünscht, da die Gallensäuren dann neu vom Körper produziert werden müssen. Für diese Synthese wird Cholesterin herangezogen, wodurch sich der **Blutcholesterinspiegel** senkt. Vorrangig sinkt das LDL-Cholesterin. Es findet

---

[6] http://www.ernaehrung.de/tipps/karies/karies10.htm
[7] http://www.uni-koeln.de/pi/i/1996.070.htm
[8] http://www.intestinal.de/html/bakterien_im_darm.html
[9] http://www.medizin.de/gesundheit/deutsch/351.htm
[10] http://www.eufic.org/de/food/pag/food40/food403.htm
[11]

http://www.google.de/search?q=cache:YQCPw2hRh7IJ:www.kellogg.de/ernaehrungsforum/fachkraefte/PDF/1060_Ballaststoffe.pdf+algins%C3%A4ure+l%C3%B6slicher+ballaststoff&hl=de&ie=UTF-8
[12] Kasper, 2004, S. 88

auch eine Schwermetallbindung statt, beispielsweise von Cadmium. Leider werden auch einige Vitamine und Mineralstoffe gebunden und deren Resorption vermindert, besonders von Kalzium, Eisen und Zink. Auch die Phytinsäure, die hauptsächlich in Getreide enthalten ist, reduziert die Resorptionsrate. Dieser Verlust wird aber durch den hohen Vitamin- und Mineralstoffgehalt nahrungsfaserreicher Lebensmittel wieder ausgeglichen.[13]

- Bei extrem hoher Zufuhr von Nahrungsfasern kann es zu **Durchfall (Diarrhö)** kommen.[14]
- Nahrungsfasern sind **energiearm** mit 8,4 kJ (2 kcal) pro Gramm Nahrungsfaser. Das würde bei den empfohlenen 30 g Nahrungsfasern pro Tag 252 kJ (60 kcal) ausmachen.

Ernährungsempfehlungen für die Nahrungsfaseraufnahme

IST-Zufuhr
Die Erwachsenen erreichen die empfohlenen Werte für die Nahrungsfaserzufuhr nur zu etwa zwei Dritteln. Die durchschnittliche Aufnahme der deutschen Bevölkerung liegt bei 23 g täglich.[15]

Nahrungsfaserbedarf
Als Richtwert geben die Referenzwerte für die Nährstoffzufuhr 30 g pro Tag für Frauen und Männer an.

Ernährungsempfehlungen
Die Zufuhr an Nahrungsfasern ist in den westlichen Industrieländern viel zu niedrig. Dazu trägt der Verzehr von Weißmehlprodukten anstatt von Vollkornprodukten, sowie die zu niedrige Aufnahme von Gemüse und Obst bei. Nahrungsfasern nur in pflanzlichen Lebensmitteln enthalten.
Vollkorngetreide und –produkte anstatt Weißmehl und daraus hergestellte Lebensmittel verzehren, denn 70 Prozent der Nahrungsfasern stecken in den Randschichten des Korns.[16]
Reichlich trinken, da Nahrungsfasern viel Wasser binden. Bei zu geringer Flüssigkeitsaufnahme kann der Darminhalt verklumpen und es kommt zu einem Darmverschluss.
Viel Gemüse und Obst, besonders Hülsenfrüchte, verzehren, da sie reich an Nahrungsfasern sind.
Rohe Nahrungsfasern sind wirksamer als gekochte und **grob zerkleinerte** effektiver als fein zerkleinerte.

Lebensmittel	Portion	Nahrungsfasern in g	Prozent vom Tagesbedarf (30 g)
grüne gegarte Erbsen	200 g	6,2	35
2 Scheiben Vollkornbrot	100 g	8,7	29
frische gegarte Schwarzwurzeln	200 g	8,5	28
frisch gegarter Rosenkohl	200 g	7,7	25
frisch gegarte Möhren	200 g	7,3	24
Leinsamen	1 EL = 20 g	7,0	23
frisch gegarter Grünkohl	200 g	6,9	23
grüne gegarte Bohnen	200 g	6,2	21

---

[13] Schlieper, 2000, S. 44 und 45
[14] Kasper, 2004, S. 92
[15] Ernährungsbericht, 2004
[16] Schlieper, 2000, S. 44

Müsli	75 g	6,0	20
Pellkartoffeln	200 g	4,7	16
getrocknete Pflaumen	50 g	4,7	16
Weizenkleie	2 EL = 10 g	4,6	15
1 Apfel	150 g	3,0	10

Tabelle: Nahrungsfasergehalt ausgewählter Lebensmittel

3.3.1.4 Erkrankungen im Zusammenhang mit der Nahrungsfaser-Aufnahme

Die folgenden Krankheiten treten bei einer nahrungsfaserreichen Ernährungsweise weniger oft auf.

Obstipation/Hämorrhoiden

Eine Ernährung mit vielen Nahrungsfasern erhöht die Stuhlmenge, die Transitzeit und macht den Stuhl weicher, so dass einer Verstopfung und starkem Pressen bei der Defäkation, und somit der Bildung von Hämorrhoiden, vorgebeugt wird.

Divertikulose

Eine nahrungsfaserarme Kost mit hartem Stuhl übt einen hohen Druck auf die Darmwände aus. Dadurch können Divertikel, das sind Ausstülpungen der Dickdarmwand, entstehen.[17] In diesen Divertikeln können sich Nahrungsreste sammeln, die zu faulen anfangen und zu Entzündungen führen.

Diabetes mellitus Typ 2

Eine an Nahrungsfasern reichhaltige Ernährung weist wenige Mono- und Disacharide auf und hat einen niedrigeren glykämischen Index. Durch die langsamere und gleichmäßigere Resorption steigt der Blutzuckerspiegel nicht so stark an und die Insulinproduktion wird nicht so stark belastet.

Übergewicht

Nahrungsfaserreiche Lebensmittel sind pflanzlichen Ursprungs und besitzen meist weniger Energie als tierische Nahrungsmittel. Außerdem sättigen Speisen mit einem hohen Anteil an Nahrungsfasern durch das hohe Volumen, die Wasserbindungsfähigkeit und durch das längere Kauen besser, so dass bei einer Kost mit viel Gemüse weniger Energie aufgenommen wird. Die geringere Insulinausschüttung könnte ebenfalls ein Einflussfaktor sein, da Insulin den Fettabbau hemmt und den Fettaufbau fördert.[18]

Cholesteringallensteine

Nahrungsfasern besitzen die Fähigkeit, Gallensäuren zu binden und auszuscheiden. In Folge dessen müssen neue Gallensäuren aus Cholesterin gebildet werden. So kann eine Anreicherung von Cholesterin in der Galle, ein Auslöser von Cholesteringallensteinen, verhindert werden.

Dickdarmkrebs

Nahrungsfasern haben die Eigenschaft, krebserregende Stoffe zu binden, so dass ein Kontakt mit der Darmwand vermindert wird. Dazu trägt auch die kurze Transitzeit bei. Die Änderung der Darmflora bei einer nahrungsfaserreichen Ernährungsweise wirkt sich Reduzierend auf die Bildung von Karzinogenen aus. Außerdem verwendet die Darmflora Ammoniak, der das Tumorzellwachstum anregt, als Stickstoffquelle zur Proteinsynthese. Kurzkettige Fettsäuren, besonders Butyrat, normalisieren eine erhöhte Wucherung der Zellen und können wahrscheinlich einer bösartigen Schleimhautveränderung entgegenwirken.[19]

---

[17] Kasper, 2004, S. 197
[18] Kasper, 2004, S. 267
[19] Kasper, 2004, S. 461 und 462

Hypercholesterinämie/ Arteriosklerose
Wie schon erläutert binden Nahrungsfasern Gallensäuren, die dann aus Cholesterin neu synthetisiert werden müssen. Dadurch sinkt der Blutcholesterinspiegel. Da das LDL-Cholesterin stärker als das HDL-Cholesterin reduziert wird, vermag eine nahrungsfaserreiche Kost auch das Risiko einer Arteriosklerose zu vermindern.

Daneben gibt es eine Vielzahl von Erkrankungen, bei denen Ballaststoffe eine Wirkung in der Prophylaxe und/oder Therapie haben. Dazu gehören beispielsweise die chronisch entzündlichen Darmerkrankungen (Colitis ulcerosa und Morbus Crohn) sowie natürlich auch das extrem weit verbreitete Reizdarmsyndrom (Irritables Colon)
Neben den klassischen Ballaststoffen (Füll- und Quellstoffe beziehungsweise wasserunlösliche und wasserlösliche Ballaststoffe) gibt es auch so genannte potentielle Ballaststoffe. Dazu gehört beispielsweise die resistente Stärke.Die **resistente Stärke** ist „resistent" gegen α-Amylase. Damit ähnelt sie den Nahrungsfasern und ist nicht verdaulich. Der Unterschied besteht aber darin, dass die resistente Stärke nicht das starke Wasserbindungsvermögen besitzt. Die resistente Stärke liefert Substrat für die Bakterien des Dickdarms. Sie lässt sich wie folgt einteilen:

- Stärke, die in intakten Zellen eingeschlossen ist und die schwer für die α-Amylase erreichbar ist, wie in ganzen oder grob zerkleinerten Körnern.
- Stärke, die in natürlicher Form nicht im Dünndarm abgebaut werden kann, wohl aber nach Erhitzung. Vorkommen beispielsweise in rohen Kartoffeln sowie in abgekühlten, gekochten Kartoffeln oder grünen Bananen.
- Retrogradierte Stärke, die beim Erkalten von stärkehaltigen Nahrungsmitteln, wie gekochte Kartoffeln, entsteht. Bei diesem irreversiblen Prozess lagern sich die Ketten des Amylopektins linear aneinander, so dass die α-Amylase die Stärke nicht mehr abbauen kann.[2021]

Die Gruppe der pflanzlichen Ballaststoffe ist sehr groß. Sie schließt Quellstoffe, Gummen und eine Vielzahl von Substanzen ein. Der Mensch nimmt als Nahrungsfasern inbesondere Cellulose und Pektin auf.

Inulin
Inulin ist ein Polyfruktosan, also aus Fruktoseeinheiten von 2 bis 70 und mehr aufgebaut und enthält auch einen kleinen Anteil von 5 Prozent an Glukose.[2223]
- **Vorkommen**
  Inulin kommt reichlich in der Topinamburknolle, in Artischocken und in Spargel vor.[24]
- **Bedeutung für den menschlichen Körper**
  Es ist vom Menschen schlecht verwertbar, wodurch es, in großen Mengen aufgenommen, zu Blähungen kommen kann. In kleinen Mengen aber schadet es nicht, im Gegenteil, es regt das Wachstum der Dickdarmbakterien an und lässt sich den Präbiotika zuordnen. Inulin wird in der Therapie von Diabetes mellitus als Glukoseersatz eingesetzt. Es wird von den Verdauungsenzymen zu Fruktose gespalten.[2526]

Cellulose
Cellulose besteht aus 10.000 und mehr Glukoseresten und ist wasserunlöslich.

---

[20] http://www.ugb.de/e_n_1_140366_n_n_n_n_n_n_n.html
[21] http://www.inform24.de/resistance.html
[22] Der Brockhaus Ernährung, 2004, S. 330
[23] Lexikon der Ernährung,2002, F-M, S. 203
[24] Elmadfa, Leitzmann, 1998, S. 144
[25] http://www.webkoch.de/lexikon/Inulin.html
[26] http://www.thieme.de/presseservice/archiv/diaet/topinambur.html

- **Vorkommen**

  Es dient den Pflanzen als Zellwand. Die Cellulosezufuhr erfolgt über Gemüse, Obst und Getreide.

- **Bedeutung für den menschlichen Körper**

  Dem menschlichen Organismus fehlt das Enzym, das Cellulose abbauen kann. Deshalb gehört Cellulose zu den Nahrungsfasern (= Ballaststoffe). Die Quelleigenschaft ist gering.[27]

Hemicellulose

Hemicellulosen bestehen aus Pentose- oder Hexoseeinheiten. Bausteine stellen Arabinose-, Xylose-, Mannose-, Galaktose- und Glukosereste sowie Glucuronsäuren und Galakturonsäuren dar.

- **Vorkommen**

  Aufzufinden sind sie gemeinsam mit Cellulose in den Pflanzenzellwänden.

- **Bedeutung für den menschlichen Körper**

  Hemicellulosen sind kaum wasserlöslich und quellen besser als Cellulose. Sie können vom Menschen enzymatisch nicht abgebaut werden und sind den Nahrungsfasern zuzuordnen. Getreide enthält besonders viel Hemicellulose.[28][29]

Pektin

Pektin ist ein Verknüpfungsprodukt aus Galakturonsäuren (Oxidationsprodukt der Galaktose), Galaktose, Arabinose, Xylose, Glukose, Fruktose und Rhamnose.[30] In kaltem Wasser lösen sich Pektine nicht, in heißem Wasser lösen sie sich kolloidal (= fein verteilt), beim Abkühlen entsteht ein Gel, das beispielsweise als Verdickungsmittel genutzt wird.

- **Vorkommen**

  Pektinreiche Quellen sind insbesondere Schalen und Kerne von unterschiedlichen Obstsorten, beispielsweise Äpfel, Zitrus- und Beerenobst.[31]

- **Bedeutung für den menschlichen Körper**

  Diese Nahrungsfasern quellen besonders stark. So sind sie fähig, einige Stoffe zu absorbieren und mit dem Stuhl auszuscheiden, wie Mikroorganismen im Darm, deren giftige Zersetzungsprodukte[32] und Schwermetalle. Selbst radioaktive Substanzen, wie Cäsium, werden von den Pektinen gebunden und mit dem Stuhl ausgeschieden.[33] Fette und Gallensäuren werden ebenfalls absorbiert. Rohe, geriebene Äpfel (etwa 1,5 kg pro Tag, auf 5 Portionen verteilt) helfen gut bei Durchfall, da die oben aufgeführten Substanzen vom Pektin gebunden und ausgeschieden werden.[34] Pektin hat eine cholesterinsenkende Wirkung, wie alle wasserlöslichen Nahrungsfasern (siehe Kapitel Nahrungsfasern).

Guar (Guarkernmehl)

Guarkernmehl gewinnt man aus dem Keimling der indischen Büschelbohne. Neben dem Einsatz in der Lebensmittelindustrie als Verdickungsmittel und Stabilisator wird es in der Papier-, Kosmetik- und Arzneimittelindustrie eingesetzt. Guar erhöht wie Johannisbrotkernmehl die Wasserrückresorption aus dem Darmlumen und die Wasserbindung in Brot- und Backwaren, wodurch diese länger frisch bleiben. Guar gehört zu den löslichen Nahrungsfasern[35][36] und ist deshalb cholesterinsenkend. Der postprandiale Blutzuckerspiegel erhöht sich langsamer und die

---

[27] Schlieper, 2000, S. 38
[28] Schlieper, 2000, S. 39
[29] Lexikon der Ernährung, 2002, F-M, S. 144
[30] Lexikon der Ernährung, 2002, N-Z, S. 97
[31] Schlieper, 2000, S. 39
[32] http://www2.presseservice.nrw.de/01_textdienst/11_pm/2003/q4/20031023_06.html
[33] http://www.apfelparadies.it/de/gesundheitsbaum/7.html
[34] http://www.gemueselexikon.de/news/arc11-2000.html
[35] http://www.medical-nutrition.de/232--~de~Ernaehrungsthemen~ballast.html
[36] http://www.zusatzstoffe-online.de/html/zusatz.php?nr=412

Sättigung hält länger an.

Johannisbrotkernmehl (Carubenmehl)

Johannisbrotkernmehl wird aus den Samen des Johannisbrotkernbaumes (Ceratonia siliqua) gewonnen. Aus der Schale, die bei dem Prozess übrig bleibt, wird Carob, ein Kakaoersatzmittel, hergestellt. Johannisbrotkernmehl ist ein Stabilisator, Verdickungs- und Bindemittel.[37]

Tamarindenkernmehl

Tamarindenkernmehl wird aus den Samen der Tamarinde (eine Hülsenfrucht) isoliert. Es findet seine Anwendung als Geliermittel und kann in Marmeladen usw. das Pektin ersetzen. Außerdem setzt man es als Verdickungsmittel und Stabilisator ein.

Die Polysacharide Alginat, Furcellaran, Arabinogalactan, Polyvinylpyrrolidon, Tarakernmehl, Karayagummi sind für die menschliche Ernährung von untergeordneter Bedeutung.

Durch eine ballaststoffreichere Ernährungsweise wäre es möglich, Krankheiten vorzubeugen oder diese zu lindern. Da Ballaststoffe auch hochkarätige lebensmitteltechnologische Eigenschaften aufweisen, ist damit zu rechnen, dass der Einsatz von Ballaststoffen aus medizinischen Gründen und lebensmitteltechnologischen Gründen weiter zunehmen wird. Das ist im Sinne der Gesundheit sehr zu begrüßen. Nachfolgend eine ausführliche Ballaststoff-Nährwert-Tabelle. Im Anschluss daran Literaturempfehlungen.

Ballaststoffgehalt von Lebensmitteln

Lebensmittelmengen für 5,0 g Ballaststoffe

(B) Brot

58 g	Vollkornbrot	188 kcal/100 g
58 g	Pumpernickel	188 kcal/100 g
58 g	Vollkornbrot mit Ölsamen	204 kcal/100 g
75 g	Vollkornbrötchen	222 kcal/100 g
75 g	Vollkornbrötchen mit Ölsamenzutaten	238 kcal/100 g
78 g	Grahambrot	212 kcal/100 g
83 g	Brötchen-Roggenbrötchen	223 kcal/100 g
94 g	Paniermehl	358 kcal/100 g
99 g	Graubrot-Weizentoastbrot mit Schrotanteilen	254 kcal/100 g
104 g	Graubrot-Mehrkornbrot	219 kcal/100 g
109 g	Knäckebrot	359 kcal/100 g
119 g	Graubrot-Weizenmischbrot	219 kcal/100 g
151 g	Brötchen mit Ölsamen	264 kcal/100 g
158 g	Brötchen	248 kcal/100 g
158 g	Baguette	248 kcal/100 g
167 g	Fladenbrote	235 kcal/100 g
167 g	Weißbrot-Weizenbrot	235 kcal/100 g
170 g	Weißbrot-Toastbrot	253 kcal/100 g

(C) Getreideerzeugnisse

---

[37] http://www.zusatzstoffe-online.de

11 g	Weizen Kleie	172 kcal/100 g
28 g	Weizen Keim	314 kcal/100 g
36 g	Roggen Vollkornmehl	294 kcal/100 g
36 g	Roggen Vollkorn	294 kcal/100 g
38 g	Hirse ganzes Korn	331 kcal/100 g
49 g	Weizen Vollkorn	313 kcal/100 g
50 g	Weizen Vollkornmehl	309 kcal/100 g
50 g	Puffmais	369 kcal/100 g
50 g	Mehrkornflocken mit Zucker/Honig geröstet	315 kcal/100 g
51 g	Gerste Vollkorn	320 kcal/100 g
54 g	Mais Vollkorn	331 kcal/100 g
57 g	Grünkern Vollkorn	325 kcal/100 g
58 g	Roggen Mehl Type 1150	318 kcal/100 g
59 g	Früchte-Müsli	340 kcal/100 g
62 g	Müsli	352 kcal/100 g
70 g	Weizen Grieß	326 kcal/100 g
74 g	Schoko-Müsli	390 kcal/100 g
90 g	Hafer ganzes Korn	353 kcal/100 g
92 g	Getreideflocken	370 kcal/100 g
92 g	Hafer Flocken	370 kcal/100 g
96 g	Weizen Mehl Type 1050	334 kcal/100 g
100 g	Mais Grieß	345 kcal/100 g
108 g	Gerste Perlgraupen	340 kcal/100 g
122 g	Weizen Mehl Type 550	337 kcal/100 g
125 g	Weizen Mehl Type 405	337 kcal/100 g
125 g	Cornflakes	356 kcal/100 g
125 g	Mehl	337 kcal/100 g
132 g	Hirse Flocken	354 kcal/100 g
132 g	Hirse Korn geschält	354 kcal/100 g
135 g	Buchweizen	341 kcal/100 g
225 g	Reis ungeschält	350 kcal/100 g
250 g	Reiscrispies	378 kcal/100 g
250 g	Puffreis	390 kcal/100 g
277 g	Puffreis mit Zucker/Honig geröstet	384 kcal/100 g
357 g	Reis parboiled	351 kcal/100 g
360 g	Reis geschält	349 kcal/100 g
500 g	Mais Stärke	351 kcal/100 g
615 g	Reis ungeschält gegart	112 kcal/100 g
1012 g	Reis parboiled gegart	108 kcal/100 g
1174 g	Reis geschält gegart	93 kcal/100 g

(D) Dauer- u. Feinbackwaren

59 g	Vollkornkeks	471 kcal/100 g
60 g	Kokosmakronen	439 kcal/100 g
91 g	Printen	466 kcal/100 g
96 g	Zwieback	365 kcal/100 g
97 g	Lebkuchenteigbackwaren	413 kcal/100 g
102 g	Erdnußflips	530 kcal/100 g
111 g	Kräcker	376 kcal/100 g

116 g	Mohnkranz aus Hefeteig fettreich	335 kcal/100 g
121 g	Marzipanstollen aus Hefeteig fettreich	389 kcal/100 g
122 g	Laugengebäck	340 kcal/100 g
123 g	Nußkuchen	456 kcal/100 g
134 g	Linzertorte	418 kcal/100 g
147 g	Dresdner Stollen aus Hefeteig fettreich	408 kcal/100 g
153 g	Plätzchen aus Mürbeteig	489 kcal/100 g
153 g	Spekulatius aus Mürbeteig	489 kcal/100 g
165 g	Pfeffernüsse	396 kcal/100 g
176 g	Obstpie mit Teigboden und -deckel aus Mürbeteig	424 kcal/100 g
177 g	Gefüllter aufgeschnittener Kranz aus Hefeteig fettarm	359 kcal/100 g
181 g	Napfkuchen (Gugelhupf) aus Hefeteig fettreich	350 kcal/100 g
185 g	Butterkeks	480 kcal/100 g
185 g	Kleinteile aus besonderen Teigen	480 kcal/100 g
186 g	Schnecken aus Hefeteig fettarm	336 kcal/100 g
196 g	Hefezopf aus Hefeteig fettarm	302 kcal/100 g
196 g	Kuchen aus Hefeteig fettarm mit Streusel	302 kcal/100 g
196 g	Kuchen aus Hefeteig fettarm mit Rosinen	302 kcal/100 g
199 g	Croissant aus Blätterteig	508 kcal/100 g
200 g	Apfelstrudel	165 kcal/100 g
201 g	Kuchen aus Rührmasse	361 kcal/100 g
208 g	Nußhörnchen aus Hefeteig fettreich	390 kcal/100 g
213 g	Nußkranz aus Hefeteig fettreich	364 kcal/100 g
220 g	Hefeteig	302 kcal/100 g
227 g	Fettgebackenes aus Hefeteig fettarm	323 kcal/100 g
227 g	Berliner (Pfannkuchen) aus Hefeteig fettarm	323 kcal/100 g
233 g	Kuchen	377 kcal/100 g
234 g	Obstkuchen aus Hefeteig fettarm	144 kcal/100 g
238 g	Obstkuchen (allgemein)	229 kcal/100 g
238 g	Obstkuchen aus Mürbeteig fettreich	229 kcal/100 g
240 g	Biskuit-Obsttorte	158 kcal/100 g
241 g	Bienenstich aus Hefeteig fettreich	300 kcal/100 g
250 g	Mürbeteig	480 kcal/100 g
261 g	Plätzchen Kekse	499 kcal/100 g
273 g	Donau-Wellen aus Rührmasse	313 kcal/100 g
275 g	Honigkuchen	305 kcal/100 g
279 g	Sachertorte	338 kcal/100 g
283 g	Obstkuchen mit Steinobst	279 kcal/100 g
314 g	Obstkuchen aus Rührmasse	214 kcal/100 g
315 g	Marmorkuchen aus Rührmasse	391 kcal/100 g
325 g	Blätterteig	418 kcal/100 g
339 g	Frankfurter Kranz aus Sandmasse	364 kcal/100 g
361 g	Eclairs mit Sahne gefüllt aus Brandmasse	294 kcal/100 g
366 g	Zwiebelkuchen	171 kcal/100 g
367 g	Löffelbiskuit aus Biskuitmasse	414 kcal/100 g
408 g	Quarkstrudel	224 kcal/100 g
424 g	Cremetorte	316 kcal/100 g
424 g	Buttercremetorte aus Biskuitmasse	316 kcal/100 g
427 g	Buntes Plundergebäck	309 kcal/100 g
504 g	Windbeutel aus Brandmasse mit Sahne und Kirschen gefüllt	315 kcal/100 g
539 g	Torten	247 kcal/100 g
539 g	Schwarzwälder Kirschtorte	247 kcal/100 g

550 g	Käsekuchen aus Mürbeteig	276 kcal/100 g
610 g	Waffeln	554 kcal/100 g
611 g	Baumkuchen	427 kcal/100 g
613 g	Brandteig	201 kcal/100 g
618 g	Biskuitrolle	273 kcal/100 g
680 g	Sandkuchen	440 kcal/100 g
714 g	Knabbergebäck	347 kcal/100 g
714 g	Salzgebäck	347 kcal/100 g
714 g	Salzstangen	347 kcal/100 g
2439 g	Käsesahnetorte	209 kcal/100 g
2500 g	Obstkuchen Fertigmischung	519 kcal/100 g

(E) Eier und Teigwaren

43 g	Vollkornteigwaren ohne Ei	323 kcal/100 g
49 g	Vollkorneierteigwaren	333 kcal/100 g
96 g	Vollkornteigwaren gegart	139 kcal/100 g
98 g	Teigwaren ohne Ei	348 kcal/100 g
100 g	Teigwaren (allgemein) Schnitt-/Bandnudeln	352 kcal/100 g
100 g	Eierteigwaren	352 kcal/100 g
143 g	Nudelteig Nudelerzeugnis	364 kcal/100 g
216 g	Teigwaren eifrei gegart	150 kcal/100 g
266 g	Eierteigwaren gegart	126 kcal/100 g

(F) Früchte, Obst

45 g	Aprikose getrocknet	250 kcal/100 g
47 g	Apfel getrocknet	278 kcal/100 g
53 g	Pflaumen getrocknet	261 kcal/100 g
54 g	Feige getrocknet	284 kcal/100 g
57 g	Dattel getrocknet	285 kcal/100 g
68 g	Johannisbeere rot frisch	43 kcal/100 g
72 g	Obstmischung getrocknet	289 kcal/100 g
74 g	Johannisbeere schwarz frisch	57 kcal/100 g
75 g	Himbeere frisch	34 kcal/100 g
76 g	Brombeere frisch	30 kcal/100 g
82 g	Banane getrocknet	291 kcal/100 g
93 g	Rosinen	298 kcal/100 g
93 g	Sultaninen	298 kcal/100 g
102 g	Heidelbeere frisch	42 kcal/100 g
125 g	Holunderbeere frisch	48 kcal/100 g
128 g	Kiwi frisch	61 kcal/100 g
146 g	Weintrauben getrocknet	304 kcal/100 g
152 g	Avocado frisch	217 kcal/100 g
167 g	Kaki frisch	71 kcal/100 g
167 g	Birne frisch gegart	55 kcal/100 g
172 g	Stachelbeere frisch	44 kcal/100 g
179 g	Birne frisch	52 kcal/100 g
183 g	Johannisbeere rot Konfitüre	272 kcal/100 g
192 g	Birne frisch mit Küchenabfall	49 kcal/100 g

200 g	Johann. schwarz Konfitüre	277 kcal/100 g
200 g	Birne Konserve abgetropft	84 kcal/100 g
203 g	Himbeere Konfitüre	269 kcal/100 g
206 g	Brombeere Konfitüre	267 kcal/100 g
217 g	Reineclaude frisch	63 kcal/100 g
217 g	Rhabarber frisch	13 kcal/100 g
217 g	Pfirsich frisch	41 kcal/100 g
217 g	Zwetschge frisch	43 kcal/100 g
223 g	Granatapfel frisch	78 kcal/100 g
227 g	Nektarine frisch	57 kcal/100 g
227 g	Orange frisch	47 kcal/100 g
234 g	Quitte Konfitüre	270 kcal/100 g
234 g	Apfel frisch gegart	54 kcal/100 g
243 g	Obstmischung frisch	86 kcal/100 g
245 g	Feige frisch	63 kcal/100 g
246 g	Aprikose frisch gegart	44 kcal/100 g
247 g	Pfirsich Konserve abgetropft	76 kcal/100 g
250 g	Apfel frisch	52 kcal/100 g
250 g	Erdbeere frisch	32 kcal/100 g
250 g	Clementine frisch	46 kcal/100 g
250 g	Banane frisch	95 kcal/100 g
263 g	Aprikose frisch	42 kcal/100 g
263 g	Papaya frisch	13 kcal/100 g
272 g	Apfel frisch mit Küchenabfall	48 kcal/100 g
277 g	Heidelbeere Konfitüre	272 kcal/100 g
278 g	Apfel geschält frisch	56 kcal/100 g
294 g	Pflaumen frisch	47 kcal/100 g
294 g	Mandarine frisch	50 kcal/100 g
294 g	Mango frisch	60 kcal/100 g
299 g	Aprikose Konserve abgetropft	78 kcal/100 g
312 g	Apfel geschält Konserve abgetropft	86 kcal/100 g
329 g	Mango Konserve abgetropft	89 kcal/100 g
332 g	Pflaumen Konserve abgetropft	81 kcal/100 g
332 g	Mandarine Konserve abgetropft	83 kcal/100 g
333 g	Süßkirsche frisch	63 kcal/100 g
344 g	Litchi Konserve abgetropft	98 kcal/100 g
345 g	Passionsfrucht /Maracuja	80 kcal/100 g
348 g	Kiwi Konfitüre	279 kcal/100 g
357 g	Ananas frisch	59 kcal/100 g
373 g	Süßkirsche Konserve abgetropft	91 kcal/100 g
385 g	Zitrone frisch	56 kcal/100 g
385 g	Mirabelle frisch	64 kcal/100 g
400 g	Ananas Konserve abgetropft	87 kcal/100 g
428 g	Mirabelle Konserve abgetropft	91 kcal/100 g
468 g	Stachelbeere Konfitüre	272 kcal/100 g
468 g	Preiselbeere Konfitüre	270 kcal/100 g
481 g	Sauerkirsche frisch	58 kcal/100 g
541 g	Sauerkirsche Konserve abgetropft	88 kcal/100 g
552 g	Obstmischung Konserve abgetropft	107 kcal/100 g
617 g	Orange Konfitüre	273 kcal/100 g
625 g	Weintrauben frisch	71 kcal/100 g
678 g	Erdbeerkonfitüre	268 kcal/100 g

694 g	Satsuma frisch	46 kcal/100 g
714 g	Aprikose Konfitüre	272 kcal/100 g
760 g	Obstmischung Konfitüre	274 kcal/100 g
862 g	Grapefruit frisch	50 kcal/100 g
1044 g	Mirabelle Konfitüre	280 kcal/100 g
1305 g	Sauerkirsche Konfitüre	277 kcal/100 g
2083 g	Melone frisch	38 kcal/100 g
2083 g	Wassermelone frisch	38 kcal/100 g
2212 g	Orange Fruchtsaft	45 kcal/100 g
4348 g	Zitrone Fruchtsaft	100 kcal/100 g
4425 g	Orange Fruchtnektar	63 kcal/100 g
8475 g	Grapefruit Fruchtsaft	48 kcal/100 g

(G) Gemüse

42 g	Bohnen dick getrocknet	326 kcal/100 g
42 g	Kichererbsen getrocknet	325 kcal/100 g
56 g	Sojabohnen getrocknet	416 kcal/100 g
83 g	Schnittlauch frisch	27 kcal/100 g
85 g	Artischockenboden Konserve	12 kcal/100 g
91 g	Erbsen grün tiefgefroren gegart	84 kcal/100 g
95 g	Erbsen grün frisch gegart	84 kcal/100 g
96 g	Kräutermischung	45 kcal/100 g
99 g	Erbsen grün Konserve gegart	70 kcal/100 g
100 g	Erbsen grün frisch	82 kcal/100 g
101 g	Meerrettich Konserve	40 kcal/100 g
115 g	Fenchel frisch gegart	22 kcal/100 g
116 g	Schwarzwurzel frisch	17 kcal/100 g
116 g	Pastinake frisch	22 kcal/100 g
118 g	Petersilienblatt frisch	53 kcal/100 g
118 g	Schwarzwurzel frisch gegart	15 kcal/100 g
119 g	Palmenherz Konserve gegart	26 kcal/100 g
119 g	Knollensellerie frisch	19 kcal/100 g
119 g	Fenchel frisch	25 kcal/100 g
124 g	Schwarzwurzel Konserve gegart	13 kcal/100 g
126 g	Limabohne getrocknet gegart	80 kcal/100 g
129 g	Pastinake frisch gegart	17 kcal/100 g
130 g	Knollensellerie frisch gegart	15 kcal/100 g
130 g	Rosenkohl frisch gegart	28 kcal/100 g
133 g	Gemüsemischung frisch gegart	34 kcal/100 g
135 g	Paprikaschoten frisch gegart	20 kcal/100 g
137 g	Mohrrübe frisch gegart	21 kcal/100 g
138 g	Mohrrübe frisch	26 kcal/100 g
138 g	Sauerkraut frisch gegart	17 kcal/100 g
139 g	Gemüsepaprika rot frisch	37 kcal/100 g
139 g	Gemüsepaprika grün frisch	20 kcal/100 g
143 g	Weinsauerkraut frisch	17 kcal/100 g
143 g	Weiße Rübe frisch	26 kcal/100 g
144 g	Weiße Rübe frisch gegart	21 kcal/100 g
145 g	Mohrrübe Konserve gegart	17 kcal/100 g
145 g	Grünkohl frisch gegart	28 kcal/100 g

147 g	Bohnen grün tiefgefroren gegart	27 kcal/100 g
150 g	Sauerkraut Konserve abgetropft	16 kcal/100 g
152 g	Grünkohl Konserve gegart	25 kcal/100 g
160 g	Spinat tiefgefroren gegart	20 kcal/100 g
161 g	Wachsbohnen gegart	32 kcal/100 g
162 g	Bohnen grün gegart	25 kcal/100 g
166 g	Suppengrün frisch	24 kcal/100 g
167 g	Kresse frisch	38 kcal/100 g
167 g	Brunnenkresse frisch	19 kcal/100 g
168 g	Blattspinat gegart	19 kcal/100 g
169 g	Broccoli frisch gegart	23 kcal/100 g
169 g	Wachsbohnen Konserve gegart	26 kcal/100 g
169 g	Weißkohl frisch	25 kcal/100 g
170 g	Bleichsellerie gegart	17 kcal/100 g
170 g	Bohnen grün Konserve gegart	22 kcal/100 g
172 g	Aubergine frisch gegart	17 kcal/100 g
172 g	Blumenkohl frisch	23 kcal/100 g
173 g	Zuckermais frisch gegart	89 kcal/100 g
176 g	Weißkohl frisch gegart	20 kcal/100 g
182 g	Zuckermais Konserve abgetropft	76 kcal/100 g
184 g	Selleriesalat Sauerkonserve	16 kcal/100 g
186 g	Blumenkohl frisch gegart	18 kcal/100 g
194 g	Blattspinat frisch	17 kcal/100 g
194 g	Mangold frisch	25 kcal/100 g
194 g	Sauerampfer frisch	22 kcal/100 g
194 g	Löwenzahn frisch	54 kcal/100 g
196 g	Bleichsellerie frisch	17 kcal/100 g
196 g	Sellerie frisch	17 kcal/100 g
200 g	Portulak frisch	27 kcal/100 g
200 g	Rettich frisch	14 kcal/100 g
200 g	Rote Rübe frisch	42 kcal/100 g
206 g	Wirsingkohl frisch gegart	22 kcal/100 g
207 g	Rote Rübe frisch gegart	32 kcal/100 g
210 g	Kohlrübe (Steckrübe) gegart	22 kcal/100 g
212 g	Gemüsepaprika rot Konserve	23 kcal/100 g
212 g	Rotkohl frisch gegart	18 kcal/100 g
213 g	Karottensalat Sauerkonserve	20 kcal/100 g
215 g	Rote Rübe Konserve gegart	26 kcal/100 g
219 g	Porree frisch gegart	23 kcal/100 g
223 g	Rotkohl Konserve gegart	15 kcal/100 g
256 g	Rotkohl frisch mit Küchenabfall	18 kcal/100 g
258 g	Bohnensalat Sauerkonserve	20 kcal/100 g
263 g	Chinakohl frisch	14 kcal/100 g
264 g	Zwiebeln frisch gegart	24 kcal/100 g
268 g	Chinakohl frisch gegart	12 kcal/100 g
276 g	Zwiebeln frisch	28 kcal/100 g
276 g	Knoblauch frisch	142 kcal/100 g
278 g	Eisbergsalat frisch	13 kcal/100 g
278 g	Feldsalat frisch	14 kcal/100 g
282 g	Perlzwiebel Konserve abgetropft	62 kcal/100 g
307 g	Radieschen frisch	15 kcal/100 g
309 g	Rote-Beete Sauerkonserve	30 kcal/100 g

313 g	Kopfsalat frisch	12 kcal/100 g
313 g	Radicchio frisch	14 kcal/100 g
333 g	Kohlrabi frisch	25 kcal/100 g
333 g	Schalotte frisch	22 kcal/100 g
336 g	Kohlrabi frisch gegart	20 kcal/100 g
344 g	Spargel frisch gegart	16 kcal/100 g
357 g	Blumenkohlsuppe Trockenprodukt	367 kcal/100 g
363 g	Spargel Konserve gegart	14 kcal/100 g
385 g	Chicoree frisch	17 kcal/100 g
385 g	Romanosalat frisch	16 kcal/100 g
392 g	Mixed Pickles	36 kcal/100 g
410 g	Endivien frisch	11 kcal/100 g
431 g	Tomaten Konzentrat	175 kcal/100 g
440 g	Zucchini frisch gegart	19 kcal/100 g
455 g	Wurzel-und Knollengemüsesuppen Trockenprodukt	344 kcal/100 g
455 g	Zucchini frisch	19 kcal/100 g
455 g	Gartenkürbis frisch	13 kcal/100 g
456 g	Tomaten frisch gegart	20 kcal/100 g
480 g	Tomaten Konserve gegart	16 kcal/100 g
526 g	Tomate rot frisch	17 kcal/100 g
620 g	Kürbis frisch gegart	27 kcal/100 g
896 g	Gurke frisch gegart	12 kcal/100 g
926 g	Gurke frisch	12 kcal/100 g
1323 g	Mohrrübe Gemüsesaft	22 kcal/100 g
1437 g	Cornichons Sauerkonserve	12 kcal/100 g
1437 g	Gewürzgurken Sauerkonserve	12 kcal/100 g
1471 g	Algen frisch	37 kcal/100 g
3247 g	Gemüsemischung Trunk	12 kcal/100 g
5208 g	Tomaten Gemüsesaft	15 kcal/100 g

(H) Hülsenfrüchte

14 g	Leinsamen frisch	372 kcal/100 g
24 g	Mohn frisch	472 kcal/100 g
25 g	Kokosnuß Raspeln	611 kcal/100 g
30 g	Hülsenfrüchte reif	278 kcal/100 g
33 g	Mandel süß frisch	570 kcal/100 g
44 g	Erdnuß geröstet	579 kcal/100 g
45 g	Sesam frisch	559 kcal/100 g
46 g	Nüsse frisch	562 kcal/100 g
56 g	Erbsen reif frisch gegart	145 kcal/100 g
57 g	Kürbiskern frisch	560 kcal/100 g
57 g	Studentenfutter mit Erdnüssen	484 kcal/100 g
59 g	Edelkastanien (Marone) frisch gegart	168 kcal/100 g
61 g	Haselnuß frisch	636 kcal/100 g
62 g	Paranuß frisch	660 kcal/100 g
65 g	Edelkastanien (Maronen) geröstet	239 kcal/100 g
67 g	Bohne weiß frisch gegart	112 kcal/100 g
69 g	Pinienkern frisch	576 kcal/100 g
79 g	Sonnenblumenkern frisch	575 kcal/100 g
81 g	Walnuß europäisch	654 kcal/100 g

84 g	Pistazie geröstet und gesalzen	615 kcal/100 g
89 g	Mungobohnensprossen	24 kcal/100 g
94 g	Kidney-Bohnen Konserve	63 kcal/100 g
124 g	Bohnen weiß reif Konserve gegart abgetropft	60 kcal/100 g
132 g	Oliven schwarz gesäuert	353 kcal/100 g
150 g	Hülsenfruchtgerichte Konservensuppen	61 kcal/100 g
156 g	Cashewnuß geröstet	595 kcal/100 g
200 g	Getreidesprossen (Getreide gekeimt)	70 kcal/100 g
212 g	Oliven grün gesäuert	143 kcal/100 g
296 g	Bambussprossen Kons. gegart abgetropft	11 kcal/100 g
305 g	Luzernensprossen (Alfalfa)	32 kcal/100 g
505 g	Linsen reif Konserve gegart abgetropft	28 kcal/100 g

(J) vegetar. Lebensmittel

18 g	Sojamehl (entfettet) entbittert	197 kcal/100 g
29 g	Sojabohne geröstet	359 kcal/100 g
30 g	Sojaeiweiß texturiert (TVP)	285 kcal/100 g
43 g	Vegetarische Bratlinge Trockenprodukt	298 kcal/100 g
50 g	Sojafleisch mit Gewürzen Trockenprodukt	305 kcal/100 g
67 g	Sojamilch flüssig	152 kcal/100 g
135 g	Vegetarische Pasteten	212 kcal/100 g
200 g	Bratlinge vegetarisch tiefgefroren	147 kcal/100 g
323 g	Sojaaufschnitt	266 kcal/100 g
359 g	Hefeextrakt (Hefeaufstrichpaste)	313 kcal/100 g
504 g	Sojawurst Konserve	293 kcal/100 g
1000 g	Tofu frisch	77 kcal/100 g

(K) Kartoffeln, Pilze

9 g	Pfifferling getrocknet	120 kcal/100 g
10 g	Steinpilz getrocknet	149 kcal/100 g
34 g	Kartoffelbreipulver	329 kcal/100 g
40 g	Topinambur frisch	31 kcal/100 g
66 g	Waldpilze	15 kcal/100 g
73 g	Steinpilz frisch	20 kcal/100 g
80 g	Kartoffelkloß gekocht Trockenprodukt	327 kcal/100 g
89 g	Pfifferling frisch	11 kcal/100 g
127 g	Steinpilz Konserve	11 kcal/100 g
156 g	Pfifferling Konserve	7 kcal/100 g
159 g	Batate (Süßkartoffel)	111 kcal/100 g
167 g	Kartoffelchips (verzehrsfertig)	536 kcal/100 g
172 g	Maniok (Cassava)	137 kcal/100 g
220 g	Kartoffeln geschält frisch gegart	69 kcal/100 g
238 g	Pilze frisch gegart	15 kcal/100 g
238 g	Champignon gegart	15 kcal/100 g
244 g	Pilze Konserve gegart abgetropft	14 kcal/100 g
244 g	Champignon Konserve gegart abgetropft	14 kcal/100 g
246 g	Champignon frisch	15 kcal/100 g
255 g	Shiitakepilz frisch	42 kcal/100 g

278 g	Tapioka	349 kcal/100 g
1667 g	Champignoncremesuppe Trockenprodukt	391 kcal/100 g
5000 g	Kartoffelstärke Mehl	341 kcal/100 g

(L) diätet. Lebensmittel

40 g	Vollkornzwieback für Diabetiker	352 kcal/100 g
40 g	Diabetikerbackwaren	352 kcal/100 g
53 g	Energieriegel mit Haselnußcreme	461 kcal/100 g
54 g	Diabetikergebäck	414 kcal/100 g
76 g	Diabetikerschokolade	409 kcal/100 g
97 g	Hirsebrot glutenfrei	253 kcal/100 g
202 g	Waffel-Maisbrot glutenfrei	335 kcal/100 g
236 g	Zwieback glutenfrei	435 kcal/100 g
254 g	Mehlmischung für Brot glutenfrei	349 kcal/100 g
260 g	Maiskeks glutenfrei	439 kcal/100 g
268 g	Konfitüre/Marmelade mitZuckeraustauschstoff undSüßstoff	69 kcal/100 g
302 g	Kastanienbrot glutenfrei	178 kcal/100 g
319 g	Brot dunkl mit Johannisbrotkernmehl eiweißarm glutenfrei	222 kcal/100 g
387 g	Waffeln eiweißarm glutenfrei	370 kcal/100 g
415 g	Plätzchen eiweißarm glutenfrei natriumarm	235 kcal/100 g
521 g	Fruchtdickmilch mit Süßstoff	62 kcal/100 g
521 g	Fruchtquark mit Süßstoff	73 kcal/100 g
521 g	Fruchtjoghurt mit Süßstoff	64 kcal/100 g
4464 g	Orangensaft mit Süßstoff	22 kcal/100 g
7812 g	Wurst- und Fleischwaren fettarm	218 kcal/100 g

(M) Milch u. Milchprodukte

251 g	Quark mit Kräutern Fettstufe	113 kcal/100 g
414 g	Joghurt mit Müsli	126 kcal/100 g
414 g	Dickmilch mit Müsli	124 kcal/100 g
543 g	Joghurt mit Früchten	99 kcal/100 g
543 g	Dickmilch fettarm mit Früchten	83 kcal/100 g
543 g	Joghurt fettarm mit Früchten	83 kcal/100 g
543 g	Joghurt vollfett mit Früchten	99 kcal/100 g
576 g	Joghurt 10% mit Früchten	144 kcal/100 g
578 g	Dickmilch 10 % mit Früchten	144 kcal/100 g
631 g	Quark mit Früchten	103 kcal/100 g
641 g	Trinkmilch mit Kakao/Schokolade	131 kcal/100 g
6098 g	Buttermilch mit Fruchtzubereitung	75 kcal/100 g

(N) nichtalkoholische Getränke

1449 g	Fruchtsaftgetränke	47 kcal/100 g
1667 g	Getränkepulver	383 kcal/100 g
2632 g	Kaffee Instantpulver trocken	339 kcal/100 g

(P) alkoholische Getränke

1078 g	Bowle Punsch	108 kcal/100 g
9804 g	Glühwein	105 kcal/100 g

(Q) Öle, Fette, Butter

66 g	Erdnußbutter/-mus	598 kcal/100 g

(R) Zusatzstoffe

24 g	Hefe	288 kcal/100 g
94 g	Würzsoßen und andere Würzmittel	52 kcal/100 g
178 g	Schaschlik-Grillsoße	75 kcal/100 g
179 g	Tomatenmark	74 kcal/100 g
217 g	Orangeat	309 kcal/100 g
250 g	Zitronat (Sukkade)	293 kcal/100 g
269 g	Barbecue-Grillsoße	146 kcal/100 g
294 g	Tortengußpulver	351 kcal/100 g
294 g	Kräutersalz	22 kcal/100 g
500 g	Stärke	351 kcal/100 g
500 g	Senf	86 kcal/100 g
556 g	Tomatenketchup	110 kcal/100 g
1000 g	Pudding-/Soßenpulver/Cremespeisenpulver	382 kcal/100 g

(S) Süßwaren

15 g	Kakaopulver	342 kcal/100 g
42 g	Geleefrüchte	329 kcal/100 g
42 g	Zartbitterschokolade	497 kcal/100 g
49 g	Schokoladenüberzugsmassen	396 kcal/100 g
52 g	Pralinen gefüllt mit Sonstigem	502 kcal/100 g
57 g	Erdnuß dragiert	530 kcal/100 g
76 g	Nuß dragiert	590 kcal/100 g
76 g	Dragees	372 kcal/100 g
83 g	Kakaogetränkepulver löslich	391 kcal/100 g
90 g	Milchschokolade Vollmilch-Nuß	522 kcal/100 g
101 g	Nougat	474 kcal/100 g
101 g	Marzipan	459 kcal/100 g
111 g	Pralinen gefüllt mit Nüssen	455 kcal/100 g
115 g	Müsli-Riegel	375 kcal/100 g
127 g	Nuß-Nougat-Creme süß	522 kcal/100 g
203 g	Pflaumenmus	196 kcal/100 g
225 g	Pralinen gefüllt mit Alkohol	387 kcal/100 g
225 g	Schokolade gefüllt mit Sonstigem	346 kcal/100 g
258 g	Lakritze	375 kcal/100 g
304 g	Krokant	452 kcal/100 g
368 g	Schokolade	537 kcal/100 g
368 g	Milchschokolade	537 kcal/100 g

625 g	Fruchtmischung-Kanditen	264 kcal/100 g
668 g	Marmelade	280 kcal/100 g
668 g	Konfitüre einfach	280 kcal/100 g
668 g	Konfitüre Gelee Marmeladen	280 kcal/100 g
821 g	Fruchteis	132 kcal/100 g
952 g	Kirsche kandiert	265 kcal/100 g
952 g	Cocktail-Kirsche	265 kcal/100 g
1136 g	Sorbet	139 kcal/100 g

(T) Fisch und Fischerzeugnisse

537 g	Brathering Konserve, abgetropft	193 kcal/100 g
596 g	Fischstäbchen paniert tiefgefroren	118 kcal/100 g
843 g	Heringsfilet in Sahne-Meerrettichcreme	176 kcal/100 g
1016 g	Heringsfilet in Tomatensoße	184 kcal/100 g
1046 g	Bismarckhering Konserve, abgetropft	180 kcal/100 g

(U) Fleisch

659 g	Gulaschsuppe Konserve	110 kcal/100 g
772 g	Bratensoße mit Pilzen Konserve	52 kcal/100 g
829 g	Ochsenschwanzsuppe klar Trockenprodukt	126 kcal/100 g
969 g	Bratensoße dunkel Konserve	52 kcal/100 g

(W) Fleischwaren

684 g	Gefüllte Kalbsbrust	192 kcal/100 g
1071 g	Salami	360 kcal/100 g
2439 g	Mortadella Konserve	309 kcal/100 g
2646 g	Hausmacher Blutwurst	344 kcal/100 g
3650 g	Kalbsleberwurst	317 kcal/100 g
3704 g	Leberwurst einfach	330 kcal/100 g
3788 g	Leberwurst fein	328 kcal/100 g
3817 g	Schinkenwurst	294 kcal/100 g
3906 g	Schwartenmagen	181 kcal/100 g
4202 g	Geflügelmortadella	174 kcal/100 g
4348 g	Leberpastete	299 kcal/100 g
4348 g	Cabanossi	451 kcal/100 g
4386 g	Leberkäse	269 kcal/100 g
4950 g	Würstchen/Bockwurst/Wiener Würstchen	296 kcal/100 g
4950 g	Bockwurst	296 kcal/100 g
5051 g	Knackwurst/Servela	283 kcal/100 g
5263 g	Fleischwurst / Stadtwurst	283 kcal/100 g
5814 g	Weißwurst Münchener	271 kcal/100 g
6944 g	Schinkenwurst grob/Lyoner grob	293 kcal/100 g
7143 g	Teewurst	367 kcal/100 g
7463 g	Krakauer	299 kcal/100 g
7576 g	Frankfurter Rindswurst/Rote	250 kcal/100 g
7692 g	Cervelatwurst	370 kcal/100 g

7812 g	Jagdwurst (Süddeutsche und Norddeutsche)	218 kcal/100 g
7812 g	Weißer Preßkopf	220 kcal/100 g
8333 g	Bierwurst	252 kcal/100 g
8621 g	Curry-Bratwurst	273 kcal/100 g
8929 g	Wiener Würstchen Konserve	304 kcal/100 g
9259 g	Fleischkäse	302 kcal/100 g
9804 g	Rostbratwurst	329 kcal/100 g
10000 g	Bauernbratwurst	306 kcal/100 g

(_) Rezepte

125 g	Erbsen u. Möhrengemüse (R)	113 kcal/100 g
163 g	Gemüsesalat mit Dressing (R)	106 kcal/100 g
168 g	Mohrrübensalat (R)	109 kcal/100 g
169 g	Möhrensalat gegart mit Öl (R)	76 kcal/100 g
171 g	Apfelmus (R)	102 kcal/100 g
172 g	Gemüseplatte (R)	85 kcal/100 g
192 g	Pommes Frites (R)	276 kcal/100 g
193 g	Nudelgerichte mit Gemüse (R)	120 kcal/100 g
198 g	Krautsalat (R)	97 kcal/100 g
199 g	Bohnensalat grün gegart mit Öl (R)	108 kcal/100 g
200 g	Krapfen Beignets (R)	417 kcal/100 g
207 g	Kartoffelkroketten (R)	223 kcal/100 g
212 g	Pizza (R)	292 kcal/100 g
212 g	Bohneneintopf mexikanisch (R)	65 kcal/100 g
219 g	Nudelgericht mit Gemüse (R)	84 kcal/100 g
220 g	Pellkartoffeln (R)	69 kcal/100 g
220 g	Rohkostsalat mit Öl (R)	84 kcal/100 g
221 g	Obstsalate (R)	135 kcal/100 g
222 g	Zwetschgenknödel (R)	76 kcal/100 g
224 g	Salzkartoffeln (R)	67 kcal/100 g
224 g	Dampfnudeln (R)	277 kcal/100 g
228 g	Paprika gefüllt mit Hackfleisch (R)	115 kcal/100 g
228 g	Rösti (R)	94 kcal/100 g
231 g	Nasi Goreng (R)	121 kcal/100 g
233 g	Gemüseauflauf (R)	118 kcal/100 g
234 g	Lasagne mit Gemüse (R)	159 kcal/100 g
240 g	Kartoffelklöße (R)	109 kcal/100 g
242 g	Obstmischung (R)	58 kcal/100 g
245 g	Frühlingsrolle (R)	156 kcal/100 g
246 g	Rohkostsalat mit Joghurt (R)	30 kcal/100 g
249 g	Schupfnudeln (R)	146 kcal/100 g
249 g	Salate (R)	117 kcal/100 g
257 g	Gemüsemischung roh (R)	21 kcal/100 g
259 g	Bratkartoffeln mit Speck und Zwiebeln (R)	114 kcal/100 g
259 g	Bratkartoffeln (R)	164 kcal/100 g
261 g	Kartoffelsalat (R)	119 kcal/100 g
264 g	Ratatouille (R)	42 kcal/100 g
266 g	Nudeln, Spätzle (R)	126 kcal/100 g
273 g	Linseneintopf mit Wurst (R)	87 kcal/100 g
286 g	Kartoffelpuffer (R)	153 kcal/100 g

287 g	Gemüserisotto (R)	108 kcal/100 g
290 g	Ravioli mit Tomatensoße (R)	178 kcal/100 g
292 g	Kartoffelgratin (R)	133 kcal/100 g
292 g	Eintopf (R)	57 kcal/100 g
310 g	Cannelloni (R)	157 kcal/100 g
315 g	Kartoffelbrei (R)	83 kcal/100 g
317 g	Maultaschen (R)	262 kcal/100 g
325 g	Lauchgemüse (R)	66 kcal/100 g
333 g	Kartoffelsuppe (R)	81 kcal/100 g
337 g	Kompott gemischt (R)	96 kcal/100 g
342 g	Paella (R)	82 kcal/100 g
342 g	Gemüsesuppe (R)	23 kcal/100 g
346 g	Irish Stew (R)	69 kcal/100 g
352 g	Käsespätzle (R)	255 kcal/100 g
353 g	Makkaroni mit Tomatensoße (R)	153 kcal/100 g
354 g	Leberspätzle (R)	181 kcal/100 g
356 g	Eintopf mit Rindfleisch (R)	73 kcal/100 g
362 g	Brötchen belegt (R)	327 kcal/100 g
363 g	Blattsalat mit Öl (R)	87 kcal/100 g
368 g	Schlachtplatte (R)	170 kcal/100 g
385 g	Nudelgerichte mit Fleisch (R)	188 kcal/100 g
389 g	Kebab, Gyros (R)	226 kcal/100 g
394 g	Rote Grütze (R)	81 kcal/100 g
398 g	Gemüsesuppe mit Wurst (R)	64 kcal/100 g
405 g	Käsefondue (R)	323 kcal/100 g
410 g	Erbseneintopf mit Würstchen (R)	63 kcal/100 g
413 g	Müsli mit Milch/Zucker/Obst (R)	124 kcal/100 g
417 g	Griechischer Salat (R)	87 kcal/100 g
418 g	Spaghetti Bolognese (R)	214 kcal/100 g
431 g	Kohlrouladen (R)	118 kcal/100 g
433 g	Kartoffeleintopf mit Fleisch (R)	65 kcal/100 g
440 g	Cheeseburger (R)	279 kcal/100 g
444 g	Blattsalate mit Joghurt (R)	27 kcal/100 g
446 g	Tomatensoße (R)	78 kcal/100 g
451 g	Linsengemüse (R)	89 kcal/100 g
468 g	Semmelknödel (R)	144 kcal/100 g
468 g	Mokkacreme (R)	115 kcal/100 g
472 g	Nudelsalat mit Mayonaise (R)	205 kcal/100 g
473 g	Minestrone (Gemüseeintopf) (R)	31 kcal/100 g
500 g	Hamburger (R)	223 kcal/100 g
506 g	Blattsalat mit Dressing (R)	79 kcal/100 g
512 g	Rindergulasch (R)	94 kcal/100 g
516 g	Lasagne mit Hackfleisch (R)	215 kcal/100 g
518 g	Serbisches Reisfleisch (R)	88 kcal/100 g
524 g	Sahne-Frucht-Eis (R)	195 kcal/100 g
527 g	Schaschlikspieß (R)	99 kcal/100 g
530 g	Toast Hawai (R)	192 kcal/100 g
552 g	Obst, Kompott (R)	107 kcal/100 g
599 g	Geflügelsalat (R)	141 kcal/100 g
601 g	Leberknödel (R)	174 kcal/100 g
607 g	Eis mit Früchten, Sahne und Alkohol (R)	139 kcal/100 g
642 g	Tomatensalat (R)	102 kcal/100 g

644 g	Maultaschen in der Brühe (R)	137 kcal/100 g
656 g	Fischstäbchen frittiert (R)	187 kcal/100 g
677 g	Reissalat (R)	132 kcal/100 g
679 g	Toast mit Käse und Schinken (R)	281 kcal/100 g
694 g	Grießbrei (R)	125 kcal/100 g
703 g	Tomatencremesuppe (R)	62 kcal/100 g
747 g	Quarkspeise roh mit Früchten (R)	178 kcal/100 g
752 g	Quarkauflauf mit Äpfel (R)	138 kcal/100 g
808 g	Pfannkuchen süß (R)	190 kcal/100 g
860 g	Eierpfannkuchen (R)	170 kcal/100 g
908 g	Hackbraten (R)	225 kcal/100 g
953 g	Suppen mit Einlage gebunden (R)	53 kcal/100 g
1081 g	Fischfrikasee (R)	139 kcal/100 g
1138 g	Fischfrikadelle (R)	106 kcal/100 g
1180 g	Hühnerfrikassee (R)	196 kcal/100 g
1211 g	Schweineschnitzel paniert (R)	174 kcal/100 g
1218 g	Gebundene Suppe (R)	41 kcal/100 g
1221 g	Wiener Schnitzel (R)	179 kcal/100 g
1228 g	Frikadelle (R)	250 kcal/100 g
1315 g	Gurkensalat (R)	24 kcal/100 g
1367 g	Eis mit Früchten (R)	155 kcal/100 g
1455 g	Königsberger Klopse (R)	123 kcal/100 g
1524 g	Fischkonserve (R)	212 kcal/100 g
1602 g	Gemüsebrühe (R)	15 kcal/100 g
1660 g	Nudelsuppe (R)	33 kcal/100 g
1679 g	Fischfilet gebraten (R)	116 kcal/100 g
1688 g	Bechamelsoße (R)	101 kcal/100 g
1741 g	Zaziki (R)	58 kcal/100 g
1823 g	Quarkspeisen, Joghurt (R)	119 kcal/100 g
1840 g	Schweinekotlett (R)	240 kcal/100 g
1971 g	Milchreis (R)	156 kcal/100 g
2145 g	Wurst/Käsesalat (R)	306 kcal/100 g
2163 g	Grundsoße mit Senf (R)	53 kcal/100 g
2183 g	Käsesalat (R)	269 kcal/100 g
2217 g	Eis mit Sahne (R)	195 kcal/100 g
2273 g	Eis, Sorbet (R)	163 kcal/100 g
2274 g	Fisch paniert (R)	141 kcal/100 g
2390 g	Fisch in Kräutersoße (R)	115 kcal/100 g
2469 g	Spargelcremesuppe (R)	30 kcal/100 g
2771 g	Schweineschnitzel natur (R)	151 kcal/100 g
2875 g	Soße holländisch (R)	360 kcal/100 g
2920 g	Rinderroulade (R)	152 kcal/100 g
3271 g	Grundsoße weiß (R)	50 kcal/100 g
3950 g	Wurst gemischt (R)	271 kcal/100 g
4503 g	Schokoladensoße (R)	122 kcal/100 g
4527 g	Fleischsalat (R)	196 kcal/100 g
5739 g	Klare Suppe mit Einlage (R)	10 kcal/100 g
9052 g	Bratwurst (R)	302 kcal/100 g
9815 g	Fleischkäse gebraten (R)	335 kcal/100 g

Literaturempfehlungen:
Das Kalorien-Nährwert-Lexikon

Praxis der Diätetik und Ernährungsberatung

Autor:
Sven-David Müller, MSc.
Master of Science in Applied Nutritional Medicine (Angewandte Ernährungsmedizin), staatlich anerkannter Diätassistent und Diabetesberater der Deutschen Diabetes Gesellschaft

Zentrum und Praxis für Ernährungskommunikation, Diätberatung und Gesundheitspublizistik (ZEK)

Ostheimer Straße 27d
61130 Nidderau-Windecken bei Frankfurt am Main

www.svendavidmueller.de
info@svendavidmueller.de